恐龙图典

让孩子着迷的 106 种恐龙

孙雪松 主编

U0248720

化学工业出版社

·北京·

图书在版编目（CIP）数据

恐龙图典：让孩子着迷的106种恐龙/孙雪松主编. —北京：化学工业出版社，2022.9（2024.6重印）
ISBN 978-7-122-41577-6

Ⅰ.①恐… Ⅱ.①孙… Ⅲ.①恐龙-儿童读物 Ⅳ.①Q915.864-49

中国版本图书馆CIP数据核字（2022）第094876号

责任编辑：龙　婧　　　　　　　　　　　　　　　责任校对：边　涛

出版发行：化学工业出版社（北京市东城区青年湖南街13号　邮政编码100011）
印　　装：北京瑞禾彩色印刷有限公司
889mm×1194mm　1/20　印张 6　字数 50 千字　　2024 年 6 月北京第 1 版第 5 次印刷

购书咨询：010-64518888　　　　　　　　　售后服务：010-64518899
网　　址：http://www.cip.com.cn
凡购买本书，如有缺损质量问题，本社销售中心负责调换。

定　　价：39.80元

前言

　　在很久很久以前，地球上有一个地质时代被称为中生代。在那时，陆地被一群强大的生物占据着，它们的帝国称霸地球达 1.6 亿年之久，而在此之前，从未有哪种生物像它们一样长久地活跃在生命的历史舞台。即便现在，提到它们，仍旧让人痴迷，它们就是恐龙。

　　在漫长的地质时光里，恐龙的种类从单一走向复杂多样，它们中有的拥有长爪子、尖牙齿，看上去十分可怕；有的体形巨大，四条腿犹如柱子一般；有的身披羽毛，看上去像一只大鸟；有的武装着盔甲，不给敌人可乘之机……

　　6500 万年前，这些强悍的霸主突然消失了，它们被掩埋在时光的长河中，直到一块块破碎的化石被发现，恐龙才走进了人们的视野。恐龙拥有神奇的魅力，吸引着人们去发现。

　　本书用深入浅出的文字、精致唯美的手绘插图，记录着 106 种各具特色的恐龙成员，细数着它们的非凡特点。史前霸主冲破时空来到了我们身边，还等什么，快来一起探索吧！

目录

谁有尖牙齿? ···············1

埃雷拉龙 ·············· 2

始盗龙 ··············· 3

恶龙 ················· 4

棘龙 ················· 5

似鳄龙 ··············· 6

始暴龙 ··············· 7

蛇发女怪龙 ··········· 8

矮暴龙 ··············· 9

霸王龙 ·············· 10

艾伯塔龙 ············ 11

特暴龙 ·············· 12

独龙 ··············· 13

惧龙 ··············· 14

鲨齿龙 ············· 15

南方巨兽龙 ·········· 16

马普龙 ·············· 17

异特龙 ·············· 18

南方猎龙 ············ 19

中华盗龙 ············ 20

永川龙 ·············· 21

斑龙 ··············· 22

气龙 ··············· 23

蛮龙 ··············· 24

食肉牛龙 ············ 25

角鼻龙 ·············· 26

谁有大爪子? ··········**27**

北票龙 ·············· 28

镰刀龙 ·············· 29

懒爪龙 ·············· 30

重爪龙 ·············· 31

鱼猎龙 ·············· 32

天宇盗龙 ············ 33

恐爪龙 ·············· 34

栾川盗龙 ············ 35

犹他盗龙 ············ 36

伶盗龙 ·············· 37
驰龙 ·············· 38
树息龙 ·············· 39
耀龙 ·············· 40
木他龙 ·············· 41
禽龙 ·············· 42

谁戴着头冠? ·············· **43**
双嵴(jí)龙 ·············· 44
冰脊龙 ·············· 45
纤手龙 ·············· 46
副栉龙 ·············· 47
冠龙 ·············· 48
赖氏龙 ·············· 49
棘鼻青岛龙 ·············· 50
扇冠大天鹅龙 ·············· 51
窃蛋龙 ·············· 52
肿头龙 ·············· 53
冥河龙 ·············· 54

谁有长脖子? ·············· **55**
腕龙 ·············· 56

长颈巨龙 ·············· 57
波塞东龙 ·············· 58
梁龙 ·············· 59
超龙 ·············· 60
重龙 ·············· 61
地震龙 ·············· 62
阿根廷龙 ·············· 63
马门溪龙 ·············· 64
圆顶龙 ·············· 65
盘足龙 ·············· 66

谁长着大角? ·············· **67**
五角龙 ·············· 68
厚鼻龙 ·············· 69
华丽角龙 ·············· 70
三角龙 ·············· 71
戟龙 ·············· 72
开角龙 ·············· 73
恶魔角龙 ·············· 74
泰坦角龙 ·············· 75
双角龙 ·············· 76

谁身披羽毛? …………………… **77**

阿瓦拉慈龙 ……………… 78

鸟面龙 …………………… 79

似鸟龙 …………………… 80

小盗龙 …………………… 81

寐龙 ……………………… 82

鹫龙 ……………………… 83

中国鸟龙 ………………… 84

华丽羽王龙 ……………… 85

中华龙鸟 ………………… 86

始祖鸟 …………………… 87

尾羽龙 …………………… 88

嗜鸟龙 …………………… 89

切齿龙 …………………… 90

谁长着鸟嘴? …………………… **91**

鹦鹉嘴龙 ………………… 92

原角龙 …………………… 93

巨嘴龙 …………………… 94

橡树龙 …………………… 95

豪勇龙 …………………… 96

高吻龙 …………………… 97

弯龙 ……………………… 98

山东龙 …………………… 99

慈母龙 …………………… 100

埃德蒙顿龙 ……………… 101

大鸭龙 …………………… 102

谁浑身武装? …………………… **103**

华阳龙 …………………… 104

剑龙 ……………………… 105

钉状龙 …………………… 106

沱江龙 …………………… 107

巨棘龙 …………………… 108

甲龙 ……………………… 109

加斯顿龙 ………………… 110

包头龙 …………………… 111

蜥结龙 …………………… 112

埃德蒙顿甲龙 …………… 113

厚甲龙 …………………… 114

谁有尖牙齿?

埃雷拉龙

在遥远的三叠纪晚期，生活着埃雷拉龙。尽管埃雷拉龙的前肢短小，不适合行走，但上面锋利的尖爪可以牢牢地抓住猎物。而强健有力的后肢，再加上轻巧的骨骼结构，使它们成为当时鲜有的跑步能手。

中生代档案

生活时期：三叠纪晚期
种　群：兽脚类
体　长：3~5 米
食　性：肉食
生活地区：阿根廷

强健的后腿。

埃雷拉龙上颌
长满了弯曲、
尖锐的牙齿。

前肢上有尖爪。

2

始盗龙

始盗龙不仅是著名的原始恐龙之一，还有可能是世界上最古老的恐龙，是大多数肉食恐龙的"老祖宗"。

始盗龙的体形很小，跟现代犬类差不多大。它们的嘴里有两种牙齿，一种牙齿十分锋利，边缘长有锯齿；另一种牙齿像树叶一样，比较平整。这两种牙齿的存在表明始盗龙荤素都吃，是个杂食主义者。

中生代档案

生活时期： 三叠纪晚期
种　　群： 兽脚类
体　　长： 1米
食　　性： 杂食
生活地区： 阿根廷

始盗龙奔跑的速度非常快，可以轻松追上猎物。

前肢短小，依靠后肢行走。

恶龙

恶龙的体型在肉食恐龙里并不出众，不过它们的性情非常凶猛，丝毫无愧于它们的名字。恶龙的体形决定了它们没办法以大型恐龙为食物，加上它们特殊的牙齿构造，所以恶龙的主食很可能是鱼类以及小型哺乳动物。

中生代档案

生活时期：白垩纪晚期
种　　群：兽脚类
体　　长：2米
食　　性：肉食
生活地区：马达加斯加

下颌第一颗牙齿向前伸出，其他牙齿向内弯曲。

棘龙

棘龙的名字来源于它们背部高大的帆状棘，它是世界上最大的肉食恐龙之一。

一直以来，对于棘龙背部帆状棘的作用众说纷纭。有人推测这些帆状棘可以调节温度，也有人认为，帆状棘只不过是用来吸引异性的装饰物。

棘龙的背棘最高可能长到 2 米。

棘龙的牙齿尖锐而弯曲，和鳄鱼的牙齿很相似，可以牢牢咬住滑溜溜的鱼类。

棘龙的前肢长有利爪。

似鳄龙

似鳄龙前肢强壮，并长有尖利的指爪，背部至尾部长有明显的延伸物，并在臀部达到最高。

似鳄龙嘴里长着很多尖牙，即使鱼类的表面有一层又湿又滑的鳞片，似鳄龙也能够紧紧地咬住它们。

中生代档案

生活时期： 白垩纪早期
种　　群： 兽脚类
体　　长： 9~11米
食　　性： 肉食
生活地区： 非洲

长着扁平的头部，两个鼻孔也位于头部后端。

似鳄龙背部有帆状物。

始暴龙

　　始暴龙是一种早期的暴龙科成员，身上具备一些暴龙类的原始特征。它们的脖子比较长，前肢也很长，这些都是后期暴龙类所没有的。

　　此外，始暴龙前肢长有三根长指骨，而这么长的手指非常适合抓住猎物。当时和始暴龙生活在同一时期的棱齿龙和禽龙，都可能会不幸沦为它们的口中餐。

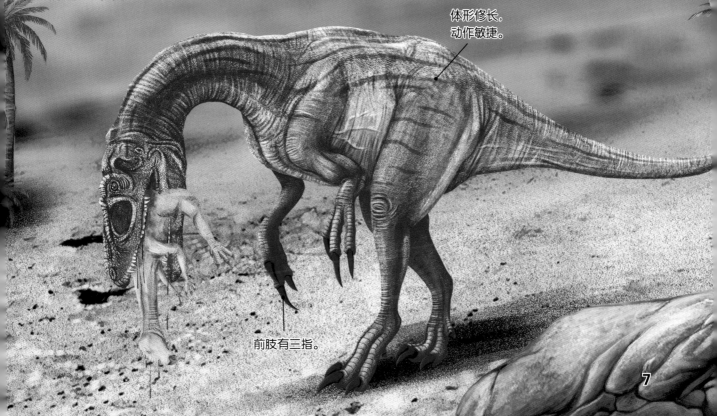

体形修长，动作敏捷。

前肢有三指。

蛇发女怪龙

蛇发女怪龙有一个很大的头部，嘴里长有巨大的弯曲牙齿，这样的牙齿能轻易勾住猎物，不让猎物逃脱。

蛇发女怪龙的后肢非常强壮，可以快速奔跑来追击猎物。它们的尾巴长而重，可平衡头部与脖子的重量，这样它们在奔跑时就不会跌倒了。

中生代档案

生活时期： 白垩纪晚期
种　　群： 兽脚类
体　　长： 8~9 米
食　　性： 肉食
生活地区： 加拿大、美国

蛇发女怪龙眼睛附近有突起物。

前肢比较短小，只有两根手指。

蛇发女怪龙脖子很短，呈 S 形。

矮暴龙

矮暴龙和霸王龙属于同一时代的物种。矮暴龙的体形比霸王龙小，它们的牙齿相对扁平，非常锋利，在捕猎时会划伤猎物，导致猎物流血而死。

古生物学家认为，矮暴龙如果攻击成年霸王龙，相当于自寻死路。不过，狡猾的它们有时会趁霸王龙外出觅食，偷偷杀死小霸王龙，从而减少和对方的直接交锋。

中生代档案

生活时期： 白垩纪晚期

种　　群： 兽脚类

体　　长： 5~7 米

食　　性： 肉食

生活地区： 北美洲

矮暴龙的牙齿边缘呈锯齿状。

霸 王 龙

嘘——霸王龙来了，瞧它长得多高，有四五米吧！霸王龙巨大的头上有一张大大的嘴，满口的尖牙甚至能把骨头咬碎。它们的后腿粗壮有力，但前肢却又短又小，甚至不能抓住猎物。

中生代档案

生活时期： 白垩纪晚期

种　　群： 兽脚类

体　　长： 11~14 米

食　　性： 肉食

生活地区： 加拿大、美国、墨西哥

霸王龙的咬合力超过 5400 公斤。

双眼有立体视觉，可以快速锁定猎物。

匕首一样的牙齿大约有 30 厘米长。

粗壮的尾巴能保持身体平衡。

艾伯塔龙

艾伯塔龙是霸王龙的祖先，个头虽然比霸王龙小，但同样是凶猛的猎手。它们的后腿粗壮，体重却比较轻，奔跑起来速度很快。再加上强大的攻击力，被艾伯塔龙盯上的猎物应该很难逃跑了。

中生代档案

生活时期：	白垩纪晚期
种　　群：	兽脚类
体　　长：	约9米
食　　性：	肉食
生活地区：	加拿大

头颅骨上有孔洞，可以减轻头部的重量。

脖子呈S形，动起来非常灵活。

牙齿尖锐，可以撕咬猎物。

典型的暴龙类短小前肢，上面有两根手指。

特暴龙

　　特暴龙有一颗大脑袋，它们的前肢很短，上有尖爪，后肢强壮有力，能支撑沉重的身体。一条又粗又长的尾巴总在奔跑时水平抬起，可以保持平衡。

　　特暴龙捕食时更多的是依靠听觉，它们的听力很好，可以听见猎物发出的细微声音，从而判断猎物所处的位置。

中生代档案

生活时期：	白垩纪晚期
种　　群：	兽脚类
体　　长：	10~12 米
食　　性：	肉食
生活地区：	亚洲

短小纤细的前肢上有两根小手指。

独龙

　　独龙嘴里长满了锋利的牙齿。捕食的时候，独龙总是单独行动，可以称得上是"孤独的猎食者"。但不必替它们担心，它们强大的身体素质，凶残的捕食手段，足以震慑成群的植食恐龙。

中生代档案

生活时期： 白垩纪晚期
种　　群： 兽脚类
体　　长： 9 米
食　　性： 肉食
生活地区： 中国内蒙古自治区、蒙古国

颈部呈 S 形。

独龙的后肢粗壮有力，承担全身的重量。

独龙的头骨巨大，既高又窄。

惧龙

惧龙还有一个名字叫恶霸龙，名字的来源大概是因为它们残暴的性情。

与其他暴龙科恐龙类似，它们的头部很大，嘴里长满了匕首般的利牙，前肢非常短小，只有两根指骨，这是暴龙家族的典型特征。

惧龙是植食恐龙的天敌，它们主要捕食同时代的鸭嘴龙类和角龙类。

中生代档案

生活时期： 白垩纪晚期
种　　群： 兽脚类
体　　长： 8~9米
食　　性： 肉食
生活地区： 北美洲

强健的后肢利于快速奔跑。

粗长的尾巴在奔跑时可保持身体的平衡。

鲨齿龙

鲨齿龙的后肢非常强壮，它的猎杀绝技就是快速冲撞，被这样巨大的身躯撞上一下，很多猎物会直接被撞晕过去。然后鲨齿龙就会用刀片般的牙齿刺穿猎物的皮肉，等它们失血而死。可以说鲨齿龙是植食恐龙的头号杀手。

鲨齿龙最大的特点就是它们有像鲨鱼一样锋利的牙齿。

15

南方巨兽龙

南方巨兽龙是南美洲又一个体形巨大的大型肉食恐龙。它们的嘴里长满锋利的牙齿，配合它们庞大的身躯，为自己赢得了"陆地掠食者"的美誉。

中生代档案

生活时期： 白垩纪中晚期
种　　群： 兽脚类
体　　长： 12~14 米
食　　性： 肉食
生活地区： 阿根廷

南方巨兽龙后肢粗壮有力，它们会用后肢行走或者奔跑。

南方巨兽龙的四肢都长有锋利的尖爪，可以攻击猎物。

马普龙

马普龙和南方巨兽龙生活在同一时代、同一地区，而且它们的主要猎食对象也是阿根廷龙。

马普龙的牙齿很窄，像刀片一样，主要用于撕咬猎物。古生物学家曾经在一个地方发现数具马普龙的遗骸，这表明它们可能习惯于群体围猎，这样可以大大增加成功的概率。

中生代档案

生活时期： 白垩纪晚期
种　　群： 兽脚类
体　　长： 10~14.5 米
食　　性： 肉食
生活地区： 南美洲

马普龙的脑袋长而大，牙齿非常锋利。

17

异特龙

异特龙强壮的前肢上有三根手指，长着锋利的爪子。它们的后肢长而粗壮，追击猎物的速度很快。

异特龙的眼睛上方，拥有一对覆盖着角质的角冠，角冠的形状与大小随个体不同而存在差别。这些角冠可能有不同的功能，比如遮蔽阳光、作为打斗武器等。

中生代档案

生活时期： 侏罗纪晚期
种　　群： 兽脚类
体　　长： 8~12米
食　　性： 肉食
生活地区： 美国、澳大利亚

异特龙的头骨很大，脑容量也不小，是一种比较聪明的恐龙。

异特龙的尾巴又粗又长，有时也能当作武器。

南方猎龙

南方猎龙是在澳大利亚发现的为数不多的肉食恐龙，它们的个头不大，但却是当时最凶猛的肉食动物。

南方猎龙前肢上长有大弯爪，每个都长达几十厘米。它们像两把锋利的弯刀一样，可以在猎物身上划开深深的伤口。等猎物不能动后，南方猎龙就会用锋利的牙齿把食物撕成小块然后吞下肚子。

中生代档案

生活时期： 白垩纪早期
种　　群： 兽脚类
体　　长： 6米
食　　性： 肉食
生活地区： 澳大利亚

南方猎龙的后肢非常强壮，适合快速奔跑。

又长又粗的尾巴可以让南方猎龙在奔跑的过程中保持平衡。

19

中华盗龙

中华盗龙长着锋利的牙齿和强壮的前肢，能轻松捕杀植食恐龙。科学家曾在一些植食恐龙的化石上发现了中华盗龙的牙齿痕迹，也证明了这个推测。

中华盗龙

中生代档案

生活时期:	侏罗纪晚期
种　　群:	兽脚类
体　　长:	7.6~9 米
食　　性:	肉食
生活地区:	中国

中华盗龙的身体粗壮，
还长着一双大长腿。

永川龙

　　作为侏罗纪晚期强势的肉食恐龙，永川龙一出现，就迅速成为当地的掠食霸主。

　　永川龙的前肢十分灵活，指上长着又弯又尖的利爪，可以用来抓住猎物。后肢非常强壮，可以快速奔跑。永川龙的尾巴异常粗壮，可以在它们站立时支撑身体。拥有如此优厚的身体条件，永川龙得以称霸一方。

中生代档案

生活时期： 侏罗纪晚期
种　　群： 兽脚类
体　　长： 7~11米
食　　性： 肉食
生活地区： 中国

永川龙的眼睛朝向前方，视力非常好。

永川龙的嘴里长满锋利的牙齿，就像一把把匕首。

21

斑龙

斑龙也叫巨齿龙，这是因为它们的牙齿非常大，所以才有了这个名字。斑龙的牙齿向后弯曲，就像一把把锋利的匕首。而在它们的"手指"和"脚趾"上还长着尖利的爪，可以刺破猎物的皮肤。

中生代档案

生活时期： 侏罗纪中期
种　　群： 兽脚类
体　　长： 9 米
食　　性： 肉食
生活地区： 欧洲

斑龙的头骨很大，上下颌布满尖牙。

气龙

气龙的名字看起来很有趣，但它们的来源其实并不是因为性格暴躁容易生气。在 1985 年，一支天然气勘探队在自贡大山铺的岩石中意外发现了它们，所以才将它们命名为"气龙"。

中生代档案

生活时期： 侏罗纪中期
种　　群： 兽脚类
体　　长： 3.5~4 米
食　　性： 肉食
生活地区： 中国

气龙的牙齿像刀子一样尖锐，边缘呈锯齿状，能轻易撕裂血肉。

前肢上长着尖锐的爪子。

23

蛮龙

蛮龙性情凶猛而残暴，它们的食物主要是那些大大小小的植食恐龙，因此它们也被称为恐龙界的冷血杀手。

中生代档案

姓　　名：蛮龙
生活时期：侏罗纪晚期
种　　群：兽脚类
体　　长：9~15 米
食　　性：肉食
生活地区：美国、南非、坦桑尼亚

前肢较短，但却长着长长的尖爪。

后肢粗壮，可以快速奔跑。

食肉牛龙

食肉牛龙头上长着两只尖尖的角，角的形状和现代牛角很像。尖角很小，硬度又不够，不能当成武器，这可能只是它们成年的标志。

由于食肉牛龙的前肢非常短小，因此主要靠后肢行走、奔跑，以及追逐逃跑的猎物。它们的尾巴很长，可以在奔跑时起到一定的平衡作用，在捕猎时，尾巴也可以成为它们进攻的武器。

中生代档案

生活时期： 白垩纪晚期
种　　群： 兽脚类
体　　长： 8米
食　　性： 肉食
生活地区： 阿根廷

皮肤上有许多小突起，和鳄鱼的皮肤很像。

粗壮的后腿让食肉牛龙能够快速奔跑，它们被称为"白垩纪猎豹"。

角鼻龙

角鼻龙的鼻端长着一根尖角，眼睛上方还长着一对小角，它们的名字也是来源于此。

角鼻龙与很多大型恐龙生活在同一时代与地区，其中既有肉食恐龙，也有植食恐龙。不管对手是谁，单打独斗对于体形不大的角鼻龙来说很吃亏。因此，古生物学家判断，角鼻龙经常集体出动，一起去捕猎。

中生代档案

生活时期： 侏罗纪晚期
种　　群： 兽脚类
体　　长： 6米
食　　性： 肉食
生活地区： 美国、坦桑尼亚

角鼻龙的尖角又短又小，不能用来当武器。

谁有大爪子？

北票龙

北票龙的化石是在中国辽宁省北票市发现的，这就是它名字的来源。北票龙身上被羽毛所覆盖，另外在它们的头上、脖子上和尾巴上还有长长的纤维状羽毛，看起来就像豪猪身上的长刺。

北票龙既拥有肉食恐龙的特征，也具有植食恐龙的标志，所以它们可能是以肉食为主，植食为辅的杂食恐龙。

中生代档案

生活时期： 白垩纪早期
种　　群： 兽脚类
体　　长： 2米
食　　性： 杂食
生活地区： 中国

北票龙嘴里长着叶状牙齿。

北票龙后肢强壮有力，适合奔跑。

前肢有三根手指，上面还长着尖爪。

镰刀龙

镰刀龙长得又高又大，脖子细长，头也不大，却挺着一个大肚子，后肢细长，一对大爪子又让四肢着地成了奢望。拥有这样奇怪的体形，镰刀龙注定一生无法奔跑，只能慢慢行走。

当然，镰刀龙的巨爪也不是一无是处。科学家对它们的作用提出了很多猜想：比如用来自卫，或者争夺配偶；又或者刨开地面，捕食昆虫；再或者抓取植物等。

中生代档案

生活时期：	白垩纪晚期
种　　群：	兽脚类
体　　长：	8~11米
食　　物：	杂食
生活地区：	蒙古国

镰刀龙巨大的指爪，看上去就像镰刀一样。

懒爪龙

据古生物学家研究，懒爪龙很可能全身上下长满羽毛，巨大的指爪适合捕捉猎物，会对猎物的身体造成重大创伤。与此同时，人们又发现懒爪龙的脖子长，脑袋小，而且牙齿呈叶状，所以它们可能也会吃些植物，来调剂饮食。

中生代档案

生活时期： 白垩纪晚期
种　　群： 兽脚类
体　　长： 4.5~6 米
食　　性： 杂食
生活地区： 北美洲

懒爪龙的前肢上长着长长的指爪，弯曲且锋利。

重爪龙

　　重爪龙的头部扁长，形状很像鳄鱼。它们的主要食物是鱼类，前肢巨大的尖爪是捕鱼的好工具。

　　另外，除了捕鱼，重爪龙还喜欢吃腐肉，有时它们可能也会捕食禽龙。

中生代档案

生活时期: 白垩纪早期
种　　群: 兽脚类
体　　长: 7~9 米
食　　性: 肉食
生活地区: 欧洲

重爪龙的吻部狭长，嘴里长着锋利的牙齿。

重爪龙前肢上长着长而锋利的爪子，拇指上的爪子甚至超过了 30 厘米。

鱼猎龙

从名字就知道，鱼猎龙是一位"捕鱼达人"，它们长着满嘴的尖牙，前肢的指爪弯曲巨大，这是鱼猎龙的捕鱼利器。不仅吃鱼，鱼猎龙还会捕食各种食肉恐龙呢。

中生代档案

生活时期： 白垩纪早期
种　　群： 兽脚类
体　　长： 8.5 米
食　　性： 肉食
生活地区： 亚洲

鱼猎龙拥有高高的背棘，背棘被分成两部分，中间的凹陷像两座山峰间的山谷。

前肢上有长而弯曲的指爪。

32

天宇盗龙

　　天宇盗龙与小盗龙都是在中国发现的，人们推测天宇盗龙也像小盗龙一样，全身被羽毛覆盖。不过，天宇盗龙的前肢太短，没办法滑翔，只能在地面活动。

　　天宇盗龙的尾巴又细又长，这条细长的尾巴能保持身体的平衡并控制运动方向。

中生代档案

姓　　名：天宇盗龙
生活时期：白垩纪早期
种　　群：兽脚类
体　　长：1.5~2 米
食　　性：肉食
生活地区：中国

天宇盗龙全身覆盖着羽毛，像一只大鸟。

天宇盗龙后肢的一个脚趾上长着弯弯的大爪子。

恐爪龙

恐爪龙虽然体形不出众，但性情凶悍，攻击力强，是凶猛的掠食者。

在捕猎的时候，恐爪龙会集体出击，它们用第二趾狠狠地踹向敌人，给猎物造成巨大的伤害。

中生代档案

生活时期：白垩纪早期
种　　群：兽脚类
体　　长：3~4 米
食　　性：肉食
生活地区：美国

恐爪龙后肢的一个趾上长有一只巨大的尖爪，长度超过了 10 厘米。

恐爪龙的嘴巴里长有 60 颗向后弯曲的小牙齿，就像小刀一样锋利。

栾川盗龙

栾川盗龙的化石出土于中国河南省的栾川地区。它们脚上也长着镰刀状的尖爪，体表被羽毛覆盖着。但由于它们的羽毛太过原始，并不能飞行，可能只起到保温作用。

中生代档案

生活时期： 白垩纪早期
种　　群： 兽脚类
体　　长： 2.6 米
食　　性： 肉食
生活地区： 中国

后肢修长，奔跑速度很快。

栾川盗龙的前肢长着羽毛，就像鸟类的翅膀。

犹他盗龙

在白垩纪早期的美国犹他州地区，曾经生活着一群相当危险的猎食者，它们就是犹他盗龙。

犹他盗龙后肢内侧的脚趾上长有巨大的钩爪，当尖爪刺向猎物，往往是非死即伤。

中生代档案

生活时期: 白垩纪早期
种　　群: 兽脚类
体　　长: 5~7 米
食　　性: 肉食
生活地区: 美国

犹他盗龙的钩爪长度可达28厘米。

犹他盗龙的眼睛很大，视野宽广。

伶盗龙

它们拥有立体的视觉、灵敏的听觉；它们的动作敏捷、行动迅速；它天生拥有猎杀武器……它们就是伶盗龙。

伶盗龙喜欢群体捕猎，它们会先追击猎物，等猎物精力耗尽之后再一哄而上发起进攻。

中生代档案

生活时期：	白垩纪晚期
种　　群：	兽脚类
体　　长：	2米
食　　性：	肉食
生活地区：	蒙古国、中国

伶盗龙嘴里长着两排锋利的小牙齿。

伶盗龙的前肢长着像鸟类一样的长羽毛。

伶盗龙后肢的第二趾弯曲锋利，是它们的终极武器。

37

驰 龙

驰龙的体形和现在的狼差不多大。嘴里长着匕首般锋利的牙齿，它们的后肢很细，第二脚趾上长着镰刀形的爪，这是驰龙科最著名的特征之一。

驰龙喜欢群体捕猎，因为它们的体形太小，只有靠集体的力量，才能杀死大它们几倍的恐龙。

中生代档案

生活时期:	白垩纪晚期
种 群:	兽脚类
体 长:	1~2 米
食 性:	肉食
生活地区:	加拿大、美国、中国

驰龙的一双大眼睛可以让它们随时观察周围的环境。

长长的尾巴有些僵硬。

树息龙

　　树息龙的体形娇小，但它们前肢第三指却非常长，甚至比其他两指的长度加在一起还要长。

　　树息龙生活在树上，主要以各种小昆虫为食。根据古生物学家推测，树息龙那长度惊人的第三指，很可能用于伸进树木缝隙里寻找虫子。

中生代档案

生活时期：侏罗纪中、晚期
种　群：兽脚类
体　长：10 厘米
食　性：肉食
生活地区：中国

树息龙的嘴里长有稀疏的牙齿，前面较大，后面较小。

树息龙的尾巴很长。

39

耀龙

耀龙平时生活在树上。它们的四肢相对修长，顶端长有锋利的爪子，不仅可以抓捕昆虫等猎物，还能紧紧抓住树干，防止自己掉落。

耀龙全身长满羽毛，再配上它们娇小的体形，很容易被人们误认为是原始的鸟类。

中生代档案

生活时期: 侏罗纪中、晚期
种　　群: 兽脚类
体　　长: 40 厘米
食　　性: 肉食
生活地区: 中国

耀龙尾巴长有 4 根向上竖立的修长羽毛，呈扇形分布。

耀龙的牙齿长在嘴巴前端，十分锋利。

木他龙

木他龙的鼻子高高隆起，这个"装置"有助于木他龙发出特殊的声音，可以向心仪的异性展现自己的魅力或者及时为同伴提供预警信息。

木他龙的前肢的中间三指连在一起，大拇指上也长着匕首般锋利的尖爪。这个尖爪可是木他龙很好的防御武器，在遇到危险的时候，它们就会站起来，挥舞着钉子一般的拇指刺向敌人。

生活时期：	白垩纪早期
种　　群：	鸟脚类
体　　长：	7~9 米
食　　性：	植食
生活地区：	澳大利亚

木他龙的后腿强壮，可以承载全身的力量。

木他龙的大拇指上长着锋利的尖爪。

41

禽龙

禽龙是最早被人们发现并做出鉴定的恐龙。它们的前手掌长有五根指，中间三根并拢成了蹄状，可以支撑身体；一根稍短的小指是抓握东西的最佳工具；至于那根尖利的大拇指，则是它们保护自己的武器。

中生代档案

生活时期：	白垩纪早期
种　　群：	鸟脚类
体　　长：	9~10 米
食　　性：	植食
生活地区：	欧洲、北非、北美洲

禽龙的嘴巴前端长着骨质硬喙。

禽龙前肢有五指。其中拇指如同钉子一样。

谁戴着头冠？

双嵴（jí）龙

别瞧双嵴龙的身体比较纤细，但它们是名副其实的"掠食者"。锋利的牙齿、尖锐的指爪让它们纵横侏罗纪。

中生代档案

生活时期: 侏罗纪早期
种　　群: 兽脚类
体　　长: 7 米
食　　性: 肉食
生活地区: 美国

双嵴龙头顶有两片薄薄的骨质冠，可能是一种吸引异性注意的冠饰。

双嵴龙的嘴巴窄窄的，嘴里布满尖牙。

冰脊龙

冰脊龙的化石是在地球最南端——南极洲上发现的，而且它们还是一种穷凶极恶的肉食恐龙，还有"南极恶魔"的外号。

冰脊龙最大的特点就是头顶的冠，这个头冠十分脆弱，根本不能当成武器使用，因此人们推测它的作用主要是用来吸引异性，其次就是单纯的装饰品。

中生代档案

生活时期： 侏罗纪早期
种　　群： 兽脚类
体　　长： 6.5 米
食　　性： 肉食
生活地区： 南极洲

冰脊龙的头冠像一柄梳子。

冰脊龙嘴里长着锯齿状的牙齿。

纤手龙

纤手龙个头很小，骨骼轻巧，身体修长，主要以一些昆虫、蜥蜴和小型哺乳动物为食。

繁殖时节，纤手龙会在松软的地方筑巢，然后把蛋产在里面，再用蕨类植物的叶子覆盖在上面以保持温度恒定。夜间，它们可能还会趴在巢穴上用自己的身体为蛋取暖。

生活时期： 白垩纪晚期

种　　群： 兽脚类

体　　长： 2米

食　　性： 杂食

生活地区： 加拿大

纤手龙的头顶上长着头冠。

纤手龙喙嘴和鸟类有些像，非常坚硬，嘴里没有牙齿。

副栉龙

副栉龙的头上长着一个向后延伸的长冠，长度甚至可以达到 2 米。古生物学家推测，这个"秘密装置"除了能用来求偶，还能发出低沉的声音。

副栉龙的头冠是中空的，与鼻子相连。

副栉龙的嘴里长着几百颗细小的牙齿呢。

47

冠龙

冠龙是鸭嘴龙家族的成员，它长着一张鸭子脸，头顶上有一个中空的冠。它们长着硬硬的喙嘴，可以咬断植物的枝叶。

冠龙是许多肉食恐龙的猎杀对象，它们没有"武器"与敌人对抗，遇到危险只能慌忙逃生。

生活时期: 白垩纪晚期
种　　群: 鸟脚类
体　　长: 9~10 米
食　　性: 植食
生活地区: 美国、加拿大

瞧，冠龙的头饰像不像鸡冠呀?

后腿粗壮，可以快速奔跑。

48

赖氏龙

赖氏龙头上戴着"帽子"，通常情况下，雄性的冠饰比雌性的冠饰要大一些。因为冠饰与鼻孔相连，所以古生物学家推测，赖氏龙可以用它来辨别同类，嗅闻气味。

赖氏龙嘴里长着许多小而尖的牙齿，它们喜欢先用喙嘴把植物切开，然后再放到嘴里慢慢咀嚼。

赖氏龙的头冠就像一把斧头。

赖氏龙习惯四脚着地走路，可当遇到危险时，它们便会抬起前腿，以直立的姿势奔跑逃生。

中生代档案

生活时期： 白垩纪晚期
种　　群： 鸟脚类
体　　长： 9~15 米
食　　性： 植食
生活地区： 北美洲

棘鼻青岛龙

    棘鼻青岛龙头上长着一根引人注目的棒状棘，就像神话故事里的独角兽。这根棒状棘并不坚硬，只能用来发声或吸引异性。

中生代档案

生活时期: 白垩纪晚期
种　　群: 鸟脚类
体　　长: 6~8 米
食　　性: 植食
生活地区: 中国山东

强健的后肢可以让棘鼻青岛龙两足行走。

50

扇冠大天鹅龙

第一眼看到扇冠大天鹅龙，想必你一定会被它们头上的那把"折扇"所吸引，这个独特的头冠是扇冠大天鹅龙的重要标志。

中生代档案

生活时期： 白垩纪晚期

种　　群： 鸟脚类

体　　长： 10~12 米

食　　性： 植食

生活地区： 俄罗斯

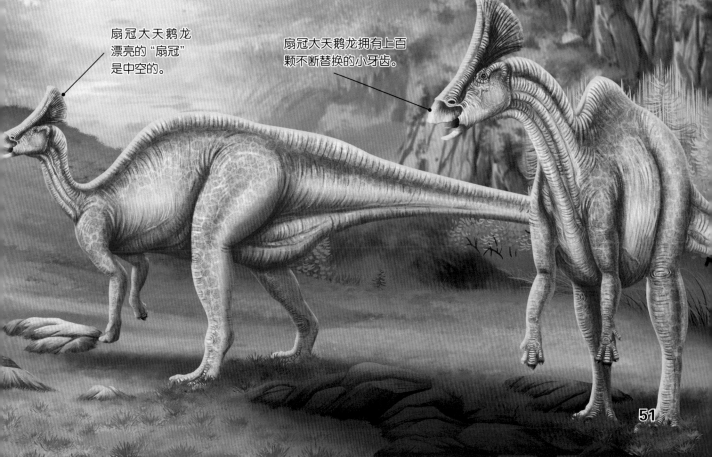

扇冠大天鹅龙漂亮的"扇冠"是中空的。

扇冠大天鹅龙拥有上百颗不断替换的小牙齿。

窃蛋龙

窃蛋龙的名字源于一起"冤案"。当年古生物学家发现窃蛋龙化石时，由于它们保持一种奇怪的姿势待在恐龙蛋边，人们推测这些坏家伙正打算偷蛋，因此给它们取名"窃蛋龙"。然而，事实上，窃蛋龙不仅没有偷蛋，而是正在保护自己的蛋。

中生代档案

生活时期：	白垩纪晚期
种　　群：	兽脚类
体　　长：	2~3 米
食　　性：	杂食
生活地区：	亚洲

窃蛋龙头顶长着半圆形的骨质冠。

窃蛋龙长着类似鹦鹉的角质喙。

窃蛋龙十分善于筑巢。它们会用泥土修筑圆锥形的巢穴。

52

肿头龙

肿头龙的头上有一个坚硬的骨质圆顶，看上去就像头盔一样。事实上，它们的"铁头功"非常厉害，不仅能抵御外敌，还能借此选拔"部落首领"。

中生代档案

生活时期： 白垩纪晚期
种　　群： 肿头龙类
体　　长： 4~6 米
食　　性： 杂食
生活地区： 北美洲

你知道吗？肿头龙那厚厚的头骨就是一个"减震装置"，它们不会因为相互碰撞而"脑震荡"。

冥河龙

冥河龙的头上、嘴上和鼻子上都长着尖锐的棘刺，面目狰狞的就像恶魔一样，十分恐怖，所以冥河龙名字的意思就是"来自地狱河的恶魔"。

虽然冥河龙是植食恐龙，可肉食强者们似乎对这种拥有"花哨"头饰的恐龙颇为忌惮，很少打它们的主意。即使彼此面对面相遇，掠食者也大都会与其擦肩而过，绝不轻易出手。

中生代档案

生活时期： 白垩纪晚期
种　　群： 肿头龙类
体　　长： 2~3 米
食　　性： 植食
生活地区： 北美洲

冥河龙拥有厚厚的头骨，周围还长着尖尖的骨刺。

腕龙

　　即便放眼所有蜥脚类恐龙，腕龙的脖子长度也排在前列，堪称恐龙界的"长颈鹿"。

　　腕龙的脖子究竟有多长呢？当腕龙把脖子抬高时，差不多能离地 13 米！

腕龙的牙齿长得像勺子，它们每天都在吃，会进食大量食物。

古生物学家推测，腕龙有两个"大脑"，一个位于头部，另一个位于腰部。

长颈巨龙

在柏林自然历史博物馆，有一架异常高大的恐龙骨架，那是长颈巨龙的骨架模型。

长颈巨龙是侏罗纪时代一种体形巨大的植食恐龙。它们的头顶长有很多大的孔洞，古生物学家分析，这种结构可以有效减轻长颈巨龙头骨的重量。

中生代档案

生活时期: 侏罗纪晚期
种　　群: 蜥脚类
体　　长: 22~23 米
食　　物: 植食
生活地区: 坦桑尼亚

与巨大的体形相比，长颈巨龙的头显得非常小。

长颈巨龙拥有超长的脖子。

波塞东龙

波塞东龙的脖子很长，而且能抬得很高，古生物学家估算，当它们的头抬起来，距离地面能有 17 米。

因为巨大的体形，成年波塞东龙很少被单独行动的捕食者袭击，但它们的幼崽却很容易沦为肉食恐龙的目标。

生活时期:	白垩纪早期
种　群:	蜥脚类
体　长:	约 30 米
食　性:	植食
生活地区:	北美洲

波塞东龙的脖子可以达到 12 米长。

梁龙

梁龙是侏罗纪时期的恐龙大明星，它们有着修长的脖子，粗壮的身躯，以及鞭子一样的尾巴。

长长的尾巴占据了梁龙近一半的体长。这条长尾巴不仅能协调梁龙在运动时的平衡，还能作为抵御敌人的武器。

梁龙的骨骼密度很小，重量比我们想象的要轻很多。

长尾巴如同鞭子一样抽向来犯者。

超龙

截至目前，超龙的化石也没有发现太多，因此人们对超龙的了解并不多。但可以确信的是，这又是一只庞然大物。

由于化石资料并不详实，因此早期古生物学家对超龙做出了错误的判断：体重超过 90 吨，这个结论很快就被人们推翻，因为超龙的四肢根本没办法承载如此沉重的身体。

生活时期： 侏罗纪晚期
种　　群： 蜥脚类
体　　长： 33~34 米
食　　性： 植食
生活地区： 美国

超龙仅一节椎骨就快接近成人的身高了！

重龙

　　和蜥脚类恐龙家族的大多数成员一样，重龙拥有长脖子、长尾巴，以及强壮的身体。

　　古生物学家推测，重龙为了维持巨大身体的正常运行，保证血液能够顺利输送全身，很可能长着一颗巨大的心脏，也有的古生物学家觉得，重龙可能有多颗心脏。

中生代档案

生活时期： 侏罗纪晚期

种　　群： 蜥脚类

体　　长： 28 米

食　　性： 植食

生活地区： 美国、坦桑尼亚

重龙的脑袋很小，脑容量不大，相对于一些肉食恐龙，它们可能并不怎么聪明。

61

地震龙

　　每当沉重的脚步踩在地面上，大地都会发出低沉的声响，地震龙这个名字是多么形象啊！

　　地震龙的嘴巴不大，胃口却很好。它们不怎么会咀嚼食物，而是会吞下一些小石子帮助消化。

中生代档案

生活时期: 侏罗纪晚期
种　　群: 蜥脚类
体　　长: 30~40 米
食　　性: 植食
生活地区: 美国

地震龙的尾巴由 70 多块尾椎骨组成。

地震龙的脖子约由 15 块脊椎骨组成。

阿根廷龙

阿根廷龙曾经是陆地上最大最重的动物之一。

由于阿根廷龙体形太大了，古生物学家曾经认为它们没有天敌。但事实上，与阿根廷龙生活在同一时期的南方巨兽龙和马普龙都对它们颇感兴趣，经常会集群出动，把这个大块头变成自己的口中餐。

中生代档案

生活时期： 白垩纪早、中期
种　　群： 蜥脚类
体　　长： 30~45 米
食　　性： 植食
生活地区： 阿根廷

阿根廷龙的体重在 80 ～ 100 吨。

马门溪龙

古生物学家在马鸣溪发现了恐龙化石，它们本想以地名命名，结果却因为口音的问题，把"马鸣溪"误写成了"马门溪"，这种恐龙就是马门溪龙。

马门溪龙最引人注目的特点就是它们的脖子，长度几乎占体长的一半，是世界上脖子最长的恐龙。

马门溪龙仗着脖子长，每次进食的时候，只要停在原地来回移动脖子，吃高处的树叶。

中生代档案

生活时期: 侏罗纪晚期

种　　群: 蜥脚类

体　　长: 约 26 米

食　　性: 植食

生活地区: 中国

马门溪龙拥有恐龙家族最长的脖子。

圆顶龙

作为典型的蜥脚类恐龙，圆顶龙也是一个大块头。据古生物学家推测，它们的性格比较温和，不会贸然招惹其他恐龙，算得上恐龙界的"老好人"。

中生代档案

生活时期： 侏罗纪晚期
种　　群： 蜥脚类
体　　长： 18~23 米
食　　性： 植食
生活地区： 美国、墨西哥

圆顶龙的牙齿粗大，呈勺形，如果牙齿被严重磨损，它们还能长出新的牙来替代原来的旧牙。

圆顶龙的腿如同粗壮的树干。

盘足龙

盘足龙有着圆滚滚的身体，长长的脖子以及像柱子一样的粗壮四肢。它们的前肢很长，甚至比后肢还要长。这就导致盘足龙在进食的时候，会像长颈鹿一样抬高脖子。

盘足龙的脖子长而粗壮。

盘足龙的身体前高后低。

谁长着大角？

五角龙

五角龙的鼻子上长着一只短角，眼睛后面有一对粗长弯曲的大角，除此之外，脸颊两侧还各长着一个类似角的骨突。最初，古生物学家以为这两个颧骨骨突也是角，所以给它们命名为"五角龙"。

中生代档案

生活时期:	白垩纪晚期
种　　群:	角龙类
体　　长:	5~8 米
食　　性:	植食
生活地区:	北美洲

大大的额角是五角龙的御敌武器。

五角龙长着大大的颈盾，也许可以用来吸引异性或恐吓掠食者。

厚鼻龙

厚鼻龙的鼻骨位置长着一层厚厚的骨垫，把鼻子"顶"了起来，这些隆起物非常坚硬，是厚鼻龙攻击敌人、与同类抢夺配偶和地盘的必备利器。

厚鼻龙是素食主义者，一天中的大部分时间都在寻找食物。

颈盾上有一对弯曲延伸的角。

厚鼻龙长着坚硬的喙状嘴，能切断坚硬的植物。

华丽角龙

如果恐龙王国举行一次选美大赛，那么华丽角龙一定会凭借华美的造型拔得头筹。它们的头很大，上面居然长了15只角，其中颈盾上的10只角最惹人注目。另外，在颈盾的边缘上还有一些小突起，眼睛上方也长着两只大角，这些角组合起来，个性十足。

中生代档案

生活时期： 白垩纪晚期
种　　群： 角龙类
体　　长： 5~7米
食　　性： 植食
生活地区： 美国

角是华丽角龙吸引异性的工具。

三角龙

　　三角龙是角龙家族中的"大明星"，它们的外表霸气侧漏，却很少主动招惹别人。可一旦遭到挑衅，三角龙会联合自己的伙伴，形成一个包围圈，让对方见识见识无敌"剑阵"的厉害。

中生代档案

生活时期： 白垩纪晚期

种　　群： 角龙类

体　　长： 约9米

食　　性： 植食

生活地区： 美洲

三角龙头顶长着巨大的尖角，具有强大的穿刺力。

硕大的骨质颈盾厚重结实，能保护三角龙的脖子。

71

戟龙

戟龙的鼻角是最厉害的"武器"，极具杀伤力。很多时候，它们只需做做样子，摆出一副要进攻的架势，故意亮出那只鼻角，就能把一些掠食者吓跑。

戟龙的颈盾上长着六根非常长的棘刺，可能是它们获得异性青睐的装饰。

开角龙

开角龙有个夸张的颈盾，这个颈盾可以向上翘起，吸引异性的目光，吓走那些胆小的骚扰者。不过，开角龙的颈盾很薄，不能作为武器。所以，它们这样做很多时候都只是在虚张声势罢了。

中生代档案

生活时期： 白垩纪晚期
种　　群： 角龙类
体　　长： 5~6米
食　　性： 植食
生活地区： 北美洲

开角龙的颈盾是中空的，颜色可能很鲜艳。

开角龙有三只角，额头有两只，鼻端有一只。

恶魔角龙

恶魔角龙来自于角龙家族，被古生物学家推测是最早的尖角龙成员。

恶魔角龙的头盾很大，上面长着四只角。其中，颈盾外侧有两个向外弯曲的大长角，眼睛上方有两个稍短一点的额角，此外，它们的鼻部还有个小隆起，这可能是个小型的鼻角。

恶魔角龙头盾边缘长着许多骨突。

泰坦角龙

  泰坦角龙是角龙家族中的"大块头"，单是人们所发现的泰坦角龙的颅骨化石就长达 3.22 米。由此可知，它们那巨大的身体应该能和一辆重型卡车相媲美了。

中生代档案

生活时期：	白垩纪晚期	
种　　群：	角龙类	
体　　长：	6~9 米	
食　　性：	植食	
生活地区：	北美洲	

泰坦角龙脸颊两侧各有一个突起。

双角龙

截止到目前，人们只发现了一具双角龙的头骨化石，对它们的了解还比较有限。不过，古生物学家通过研究化石发现，双角龙与三角龙非常相似。只是，双角龙的头骨略大，面部较短，鼻骨的位置还有些隆起。

双角龙颈盾上有几个孔洞。

双角龙的头上有一对几乎笔直的尖角。

谁身披羽毛？

阿瓦拉慈龙

阿瓦拉慈龙的学名是为了纪念历史学家阿瓦拉慈博士，它们的主要特征是前肢的指骨已经逐渐变成巨大的爪。阿瓦拉慈龙的外形和鸟类非常相似，乍一看就像一只不会飞的大鸟。

中生代档案

生活时期: 白垩纪晚期
种　　群: 兽脚类
体　　长: 1~2 米
食　　性: 杂食
生活地区: 阿根廷

阿瓦拉慈龙浑身长满羽毛。

阿瓦拉慈龙奔跑速度很快，长长的尾巴能在奔跑中保持平衡。

鸟面龙

　　鸟面龙的名字源于它们和鸟类相似的外形。它们的体形很小，和现代鸡差不多大，体表覆盖着羽毛，嘴里长满细小的牙齿。

　　鸟面龙有一个修长的脖子，前肢短小，上面长着一个尖爪，专门用来挖掘早期昆虫的巢，然后把细长的嘴巴伸入巢穴中取食。

鸟面龙的嘴巴细长，如同鸟儿一样。

似鸟龙

似鸟龙的外观与现在的鸵鸟很像，都有着小小的脑袋，长长的脖颈，大大的眼睛。

倚仗强壮的后肢，似鸟龙的奔跑能力很强。它们那长长的尾巴还可以在关键时刻起到平衡的作用。

中生代档案

生活时期：白垩纪晚期
种　　群：兽脚类
体　　长：3.8 米
食　　性：杂食
生活地区：北美洲

似鸟龙眼睛很大，视野开阔。

似鸟龙的前肢有三个尖爪，能帮助它们控制猎物。

小盗龙

小盗龙尾巴末端的羽毛看起来就像一把扇子，在滑翔的过程中，可以保持身体的平衡，控制前进的方向。

因为个子矮小，平时小盗龙也许会栖息在树上。当发现猎物时，它们会像鸟儿一样震动翅膀，滑翔着向猎物飞去，尖尖的爪子可以牢牢抓住猎物不让它们逃脱。

小盗龙的四肢全都长着羽毛，被人们称为"四翼恐龙"。

中生代档案

生活时期：	白垩纪早期
种　　群：	兽脚类
体　　长：	约1米
食　　性：	肉食
生活地区：	中国

寐龙

寐（mèi）龙化石的发现让人们第一次见到恐龙的睡姿：后肢蜷缩在身下，面部靠着前肢。值得一提的是，这种睡觉姿势和现生鸟类几乎一样。

作为肉食恐龙，寐龙的嘴里长着两排小而尖的牙齿，牙齿向后弯曲，非常锋利。所以它生性机敏，加上能快速奔跑，因此它不但能躲避大型肉食恐龙的袭击，还能依靠出色的速度去捕捉蜥蜴和小型哺乳动物。

中生代档案

生活时期： 白垩纪早期
种　　群： 兽脚类
体　　长： 53~100 厘米
食　　性： 肉食
生活地区： 中国

寐龙的体形比现在的鸡大一点，全身被羽毛覆盖。

鹫龙

鹫龙是一种小型肉食性恐龙，与火鸡一般大小。它们全身长满羽毛，但它们不能像现代的鸟类一样飞翔。强有力的腿部可以让它们快速奔跑。因为身体轻盈，有时它们也喜欢跳跃着前进。

中生代档案

生活时期： 白垩纪晚期
种　　群： 兽脚类
体　　长： 1.5 米
食　　性： 肉食
生活地区： 阿根廷

鹫龙的吻部较长，与鸟喙十分相似。嘴里还长着小而完的牙齿。

中国鸟龙

瞧，这是一只大鸟吗？不，它是中国鸟龙，是兽脚类恐龙家族的成员。

中国鸟龙全身长满羽毛，前肢更是像鸟类的翅膀一样，可以来回拍打，似乎下一刻就可以飞起来。其实，中国鸟龙是不会飞的，只能利用爪子攀爬到树上。

中国鸟龙长着一双大眼睛，视力非常好。

中国鸟龙后肢修长，第二指上还长着镰刀状的尖爪。

华丽羽王龙

华丽羽王龙的体形在暴龙科里算不上出众，要比后来的霸王龙小很多。

华丽羽王龙的羽毛和现代会飞行的鸟类羽毛不一样，类似小鸡的绒毛，但是没有小鸡绒毛那样短小、毛茸茸，而是又长又硬，平均长度在 15 厘米左右。

中生代档案

生活时期：	白垩纪早期
种　　群：	兽脚类
体　　长：	7.5~9 米
食　　性：	肉食
生活地区：	中国

华丽羽王龙身体的羽毛可能是用来在寒冬保暖的。

中华龙鸟

20世纪90年代，人们在辽西地区发现了中华龙鸟化石。一开始，古生物学家认为它们是一种原始鸟类，命名为"中华龙鸟"，但经研究发现它们其实是小型肉食恐龙。

中华龙鸟全身覆盖着羽毛，这些羽毛为恐龙演化为鸟类的假说提供了重要证据。

中华龙鸟的前肢虽然短小，但后肢与尾巴都比较长。

始祖鸟

始祖鸟的体形很娇小，全身长着羽毛，甚至连尾巴也有华丽的羽毛。因此，人们在刚发现始祖鸟时，认为它们是最原始的鸟类。据推测，在通常情况下，始祖鸟往往会攀爬上高高的树木，然后展开前肢，向下滑翔。

中生代档案

生活时期： 侏罗纪晚期

种　　群： 兽脚类

体　　长： 0.5~1.2米

食　　性： 肉食

生活地区： 德国

始祖鸟嘴巴和鸟喙很像，里面长着锋利的牙齿。

始祖鸟前肢翼化，但仍然保留着指爪。

尾羽龙

尾羽龙是典型的长着羽毛的恐龙，全身被华丽的羽毛覆盖，尤其是尾巴上的羽毛，如同一把羽扇，这些羽毛主要是用来保温或者吸引异性用的。

中生代档案

生活时期: 白垩纪早期

种　　群: 兽脚类

体　　长: 1米

食　　性: 杂食

生活地区: 中国

体形不大，如同一只火鸡。

尾羽龙的前肢向翼状演化，但仍保留着指。

尾羽龙的后肢很长，因此非常善于奔跑。

嗜鸟龙

嗜鸟龙爱吃鸟吗？古生物学家们并没有证据，不过因为个头比较小，嗜鸟龙的猎物通常是蜥蜴、小型哺乳动物。嗜鸟龙的前肢不长，但很灵活；后肢长且强壮，能够快速奔跑。它们的视力很好，即使藏在缝隙里的猎物也会被它们找到。

中生代档案

生活时期： 侏罗纪晚期
种　　群： 兽脚类
体　　长： 2米
食　　性： 肉食
生活地区： 美国

嗜鸟龙的长尾巴起平衡身体、调控方向的作用。

89

切齿龙

森林里跑来了一只恐龙，它浑身覆盖着羽毛，还长着一对门牙，这只恐龙名叫切齿龙。切齿龙左顾右盼，发现一丛合胃口的植物，它用大门牙咔嚓咔嚓就把植物的茎叶切断了。

中生代档案

生活时期： 白垩纪早期
种　　群： 兽脚类
体　　长： 1.3~2.5 米
食　　性： 杂食
生活地区： 中国

切齿龙长着翅膀般的前肢，但它并不会飞。

鹦鹉嘴龙

　　白垩纪早期，现今亚洲中部的陆地上生活着很多恐龙。其中，一种小型恐龙因为独特的样貌闻名于世，它们就是长着鹦鹉嘴的鹦鹉嘴龙。

　　鹦鹉嘴龙的上下颌前端是弯曲的，又尖又硬，可以轻易把食物切碎。平日里，它们喜欢吃多汁的植物根茎和果实。可因为牙齿细小，鹦鹉嘴龙也会吞些小石头放到砂囊里帮助消化。

中生代档案

生活时期：	白垩纪早期
种　　群：	角龙类
体　　长：	约2米
食　　性：	植食
生活地区：	蒙古、中国、俄罗斯

瞧，鹦鹉嘴龙的嘴巴像不像鸟嘴。

原角龙

别看原角龙是个"胖子"，动作却非常灵活。如果发现敌人，它们会迅速摆动有力的四肢，逃离危险区。

原角龙父母非常细心。繁殖季节来临的时候，原角龙妈妈会把蛋产在松软的沙子上，防止蛋宝宝们被磕碎。之后，它们还会在上面铺上一层细细的沙子，以防坏人觊觎。做完这一切之后，原角龙父母便会轮流看护，日夜守在蛋巢旁，直到孩子们平安出生。

中生代档案

生活时期：	白垩纪晚期
种　　群：	兽脚类
体　　长：	1.8~2.7 米
食　　性：	植食
生活地区：	中国、蒙古

头骨延伸而出的颈盾，可以保护脖子不被咬伤。

巨嘴龙

巨嘴龙也叫巨吻龙，它最大的特点就是大大的喙状嘴，如果被这样的尖嘴啄一下，肯定会身负重伤的。

中生代档案

生活时期：白垩纪晚期
种　　群：角龙类
体　　长：约1米
食　　性：植食
生活地区：中国

巨嘴龙的上嘴尖锐并向内勾。

橡树龙

橡树龙的体形不大，和一些现代的鹿差不多。

很多禽龙类恐龙为了免遭被猎杀的命运，在自己的拇指部位逐渐演化出了类似"钉子"或"匕首"的"尖爪"。可是，禽龙家族中的橡树龙却没有这样的"装备"。当敌人来犯时，它们只能依靠强健的后肢迅速逃离包围圈。

中生代档案

生活时期：侏罗纪晚期

种　　群：鸟脚类

体　　长：约3米

食　　性：植食

生活地区：美国、非洲东部

橡树龙前肢短小。

95

豪勇龙

豪勇龙的后背高高隆起，犹如一面厚厚的风帆，这个"风帆"既可以作为展示物来吸引异性，又可以用来调节体温，遇到敌人时，还能让豪勇龙看起来更加威猛，起到恐吓作用。

中生代档案

生活时期：白垩纪早期
种　　群：鸟脚类
体　　长：约 7 米
食　　性：植食
生活地区：非洲

豪勇龙的"帆"从背部一直延伸到尾部。

豪勇龙拇指上长着钉状指。

高吻龙

    高吻龙有一个大得出奇的鼻拱，这是它们最显著的特征。古生物学家推测，隆起的鼻拱可能是它们储存水分、与同伴沟通的工具，也可能会让它们的嗅觉变得更灵敏。

中生代档案

生活时期： 白垩纪早期
种　　群： 鸟脚类
体　　长： 6~8 米
食　　性： 植食
生活地区： 蒙古

高吻龙前肢的长度只有后肢的一半，因此高吻龙平时大多用后肢走路。

高吻龙会先用喙状嘴把植物切断，然后再运送到嘴里细嚼慢咽。

97

弯龙

弯龙体重很重，走起路来总是慢吞吞的，再加上它们并没有什么防身的"装备"，因此很容易成为肉食性恐龙的猎食目标。遇到敌人时，弯龙为了活命，只能拖着笨重的身体拼命奔跑。

中生代档案

生活时期： 侏罗纪晚期
种　　群： 鸟脚类
体　　长： 5~7 米
食　　性： 植食
生活地区： 欧洲、北美洲

弯龙有个小脑袋。

弯龙平时既可以用四肢行走，也可以用后肢双足行走。

山东龙

山东龙的块头很大，但它们需要面对很多肉食恐龙敌人。为了抵御外敌，它们平时大都群居在一起，当危险来临时，这样做可以提高逃生的概率。

走路时，山东龙会把尾巴直直地举在身后，维持身体平衡。

慈母龙

慈母龙会悉心照顾自己的后代，是恐龙家族中出了名的"好父母"。慈母龙宝宝出生后，因为生长需要每天都要吃大量的食物。这时，尽责的慈母龙父母便会四处觅食，然后把食物喂到小家伙们的嘴里。这样悉心的照料会持续到小慈母龙有能力独立生活为止。

中生代档案

生活时期： 白垩纪晚期
种　　群： 鸟脚类
体　　长： 约9米
食　　性： 植食
生活地区： 美国、加拿大

慈母龙可以用二足或四足方式行走，而且有强状的尾巴。

埃德蒙顿龙

埃德蒙顿龙的鼻子上面有一块看起来皱巴巴的皮肤，这是它的鼻囊。不管是追求伴侣、联系同族，还是与敌人狭路相逢，它们通常都会努力吸气，尽量让鼻囊膨胀起来，然后再把气吹出去，发出响亮的声音，表达不同的情绪。

埃德蒙顿龙体形巨大，身体很笨重。

大鸭龙

大鸭龙的喙嘴扁扁的，看上去和现代的鸭子很像，所以才得名"大鸭龙"。

大鸭龙不但视力和听力非常发达，而且嗅觉非常灵敏。它们十分机警，往往那些肉食强者还没靠近，它们就意识到情况不妙，逃之夭夭了。

中生代档案

生活时期： 白垩纪晚期
种　　群： 鸟脚类
体　　长： 9~12 米
食　　性： 植食
生活地区： 北美洲

大鸭龙的身体有3~4吨重。

谁浑身武装？

华阳龙

华阳龙的外表十分霸气，背上长着骨板和尖锐的骨刺，尾巴上"武装"着四把"尖刀"。这几把"尖刀"可是它们防身的法宝，但凡有不知趣的家伙来挑衅，华阳龙就会果断挥舞"尖刀"，狠狠地刺向对方，很多肉食恐龙因此吃尽了苦头。

中生代档案

生活时期：侏罗纪中期
种　　群：剑龙类
体　　长：约 4.5 米
食　　性：植食
生活地区：中国

华阳龙背上长着骨质硬片。

华阳龙的肩膀上有一对尖锐的棘刺。

剑龙

身上大大的剑板以及尾巴上尖尖的尾刺是剑龙的防御武器，也是它们名字的由来。在肉食恐龙称霸的时代，除了要有保护自己的"武器"，还要懂得团体协作。剑龙深知这一点，所以总是成群生活在一起。

中生代档案

生活时期：	侏罗纪晚期
种　群：	剑龙类
体　长：	6~9 米
食　性：	植食
生活地区：	欧洲、北美洲、亚洲

据推测，剑龙的大脑只有核桃般大小，所以它们笨笨的。

剑板也许可以调节体温。

钉状龙

钉状龙是一种浑身长满尖刺的凶兽。除了颈部到背部长有几对骨板外，钉状龙的肩膀、后背和尾巴上都分布着致命的"利剑"。这些精良的"装备"就足以让很多敌人望而却步了。如果一些胆大的家伙不将钉状龙放在眼里，那么钉状龙就会挥舞"狼牙棒"，亮出"利剑"，让它们见识一下自己的真正实力。

中生代档案

生活时期：侏罗纪晚期
种　　群：剑龙类
体　　长：约 5 米
食　　物：植食
生活地区：坦桑尼亚

尖锐的尾刺看着就很有威慑力！

沱江龙

作为剑龙家族中的一员，沱江龙同样是个慢性子，无论走路还是觅食都慢吞吞的，这很容易为它们招来杀身之祸。有一些掠食者以为沱江龙很好欺负，打算美餐一顿。殊不知，沱江龙站在原地不动，只需挥动"剑尾"，就能一招制敌。

中生代档案

生活时期： 侏罗纪晚期

种　　群： 剑龙类

体　　长： 约 7.5 米

食　　性： 植食

生活地区： 中国

沱江龙背上的骨板呈 V 形，中间的最大，延伸到脖子和尾巴两端逐渐变得越来越小。

巨棘龙

巨棘龙的"装备"十分有个性。它们肩部的尖刺长度甚至比前肢还要长，看起来既威风又实用，时时透露着主人"请勿靠近"的态度。不然，巨棘龙只要稍微调整身体方向，就能把一些不知趣的家伙刺得鲜血淋漓。

巨棘龙的皮肤很粗糙，有些凹凸不平。

108

甲龙

甲龙的皮肤表面"镶满"了坚硬的骨片，头上长着尖尖的棘刺，身后还有一个巨大的尾锤。它们的四肢较短，走起路来总是慢悠悠的，就像一辆缓慢行驶的"装甲车"。

甲龙素有"活坦克"之称，身体十分笨重。你知道吗？一头甲龙的重量就可以超过五辆小汽车的重量总和，这实在让人难以置信。

中生代档案

生活时期： 白垩纪晚期
种　　群： 甲龙类
体　　长： 7~11 米
食　　性： 植食
生活地区： 玻利维亚、美国、墨西哥

甲龙最厉害的"武器"就要数那个可怕的尾锤了。

加斯顿龙

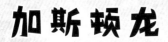

加斯顿龙是一种十分健壮可怕的恐龙，走起路来就如同一辆所向披靡的坦克。它们的身上布满了防御性"遁甲"和能置人于死地的尖刺。而且，加斯顿龙的尾巴也非常厉害，可以发挥强大威力。

中生代档案

生活时期：白垩纪早期
种　　群：甲龙类
体　　长：4~6 米
食　　性：植食
生活地区：北美洲

加斯顿龙的臀部有坚硬的保护甲。

加斯顿龙从头到尾都覆盖着巨大的棘刺。

包头龙

包头龙是较大的甲龙类之一。顾名思义，它们的"装甲"非常全面，就连脑袋和眼睛上都覆盖着坚硬的甲片。在"武器装备"上，它们拥有沉重的尾锤和尖锐的棘刺，勇不可当。

中生代档案

生活时期： 白垩纪晚期
种　　群： 甲龙类
体　　长： 约 6 米
食　　性： 植食
生活地区： 北美洲

包头龙的全身覆盖着厚厚的甲板。

包头龙的尾巴末端有一个重重的锤子，被砸中一定会受重伤。

蜥结龙

蜥结龙的"铠甲"从头部一直延伸到尾巴，颇有让敌人无从下手的意思。此外，蜥结龙肩部还长着几根又尖又长的骨板，犹如尖刀一般。

尽管有这几件"装备"傍身，可蜥结龙并没有攻击性，它们的性情温和，很少主动招惹别人。遇到敌人时，蜥结龙也大都是缩成"刺团"自保，不会和对方大打出手。

蜥结龙的头顶厚厚的，覆盖着骨质甲板。

蜥结龙的腹部比较柔软，是它们武装之下的"弱点"。

112

埃德蒙顿甲龙

埃德蒙顿甲龙有一个秘密"武器"，那就是长在肩部的棘刺。这几根如长矛一般的棘刺既可以帮助它们击退强敌，也能让它们在与同类的争斗中发挥出强大的实力，抢夺地盘和配偶。

中生代档案

生活时期：	白垩纪晚期
种　　群：	甲龙类
体　　长：	6~7 米
食　　性：	植食
生活地区：	北美洲

埃德蒙顿甲龙身上布满坚硬的骨板。

厚甲龙

    厚甲龙是甲龙类中的小个头，身长大都在 2.5 米左右。它们同样具备甲龙类的一些主要特征：体表覆盖着"盔甲"般的骨板，身体两侧长有尖刺。

    当然，厚甲龙也有弱点，那就是柔软的腹部。如果敌人把它翻个底朝天，那就大事不妙了。所以厚甲龙平时十分警惕。

中生代档案

生活时期： 白垩纪晚期
种　　群： 甲龙类
体　　长： 2~4 米
食　　性： 植食
生活地区： 欧洲

厚甲龙的背上和尾巴上覆盖着小骨质突起。

厚甲龙身上有几种不同的护甲。

114